1
_____
8) 26.00

2
_____
7) 32.00

3
_____
3) 37.00

4
_____
3) 35.00

5
_____
4) 38.00

      6
    ─────────
    5) 44.00

      7
    ─────────
    4) 45.00

      8
    ─────────
    2) 35.00

      9
    ─────────
    6) 44.00

      10
    ─────────
    7) 24.00

11
_____
3) 44.00

12
_____
7) 26.00

13
_____
6) 31.00

14
_____
6) 37.00

15
_____
7) 29.00

16
---
8) 29.00

17
---
4) 27.00

18
---
5) 31.00

19
---
8) 28.00

20
---
7) 40.00

21

_____
8) 38.00

22

_____
6) 25.00

23

_____
7) 39.00

24

_____
6) 46.00

25

_____
4) 25.00

26
___
6) 38.00

27
___
5) 32.00

28
___
8) 45.00

29
___
3) 28.00

30
___
5) 46.00

```
    31
   _____
7) 44.00


    32
   _____
7) 48.00


    33
   _____
8) 44.00


    34
   _____
7) 41.00


    35
   _____
2) 33.00
```

36

———————
6) 45.00

37

———————
8) 25.00

38

———————
7) 34.00

39

———————
5) 37.00

40

———————
8) 31.00

41
_____
7) 30.00

42
_____
4) 37.00

43
_____
8) 47.00

44
_____
8) 33.00

45
_____
3) 43.00

46
---
6) 40.00

47
---
7) 47.00

48
---
6) 41.00

49
---
4) 46.00

50
---
3) 32.00

51

_____
8) 41.00

52

_____
5) 41.00

53

_____
5) 27.00

54

_____
2) 41.00

55

_____
6) 47.00

56
___
2) 39.00

57
___
7) 27.00

58
___
7) 37.00

59
___
3) 31.00

60
___
3) 29.00

```
    61
   _____
5) 39.00


    62
   _____
4) 31.00


    63
   _____
7) 33.00


    64
   _____
4) 41.00


    65
   _____
2) 31.00
```

66

_____
4) 35.00

67

_____
5) 47.00

68

_____
2) 45.00

69

_____
6) 39.00

70

_____
8) 43.00

71

_____
8) 46.00

72

_____
6) 27.00

73

_____
4) 42.00

74

_____
5) 38.00

75

_____
6) 34.00

76
_____
4) 43.00

77
_____
7) 31.00

78
_____
5) 43.00

79
_____
5) 48.00

80
_____
4) 34.00

81

---
4) 29.00

82

---
5) 42.00

83

---
6) 28.00

84

---
8) 42.00

85

---
3) 38.00

86

_____
3) 25.00

87

_____
8) 34.00

88

_____
5) 34.00

89

_____
4) 39.00

90

_____
8) 36.00

91
---
2) 29.00

92
---
3) 47.00

93
---
8) 39.00

94
---
7) 45.00

95
---
8) 27.00

96
_____
8) 30.00

97
_____
2) 47.00

98
_____
6) 33.00

99
_____
4) 30.00

100
_____
5) 28.00

101
_____
3) 46.00

102
_____
2) 43.00

103
_____
5) 33.00

104
_____
2) 37.00

105
_____
6) 29.00

106
_____
7) 46.00

107
_____
7) 25.00

108
_____
7) 38.00

109
_____
5) 26.00

110
_____
6) 35.00

111

_____
4) 33.00

112

_____
8) 35.00

113

_____
2) 25.00

114

_____
7) 36.00

115

_____
4) 26.00

116
_____
6) 32.00

117
_____
3) 34.00

118
_____
8) 37.00

119
_____
4) 47.00

120
_____
3) 40.00

121

$\overline{3)\ 26.00}$

122

$\overline{5)\ 29.00}$

123

$\overline{5)\ 36.00}$

124

$\overline{6)\ 43.00}$

125

$\overline{3)\ 41.00}$

126
_____
5) 24.00

127
_____
6) 26.00

128
_____
2) 27.00

129
_____
7) 43.00

130
_____
7) 57.00

131

8) 47.00

132

11) 56.00

133

12) 39.00

134

10) 49.00

135

12) 53.00

136

10) 43.00

137

11) 46.00

138

9) 35.00

139

12) 37.00

140

11) 54.00

141
_____
10) 53.00

142
_____
9) 55.00

143
_____
12) 49.00

144
_____
12) 46.00

145
_____
7) 52.00

146

8) 50.00

147

9) 43.00

148

9) 39.00

149

12) 38.00

150

11) 49.00

151
_____
10) 48.00

152
_____
8) 57.00

153
_____
10) 44.00

154
_____
12) 52.00

155
_____
7) 36.00

156

―――――――
7) 51.00

157

―――――――
6) 39.00

158

―――――――
8) 41.00

159

―――――――
6) 41.00

160

―――――――
12) 45.00

161

_____
7) 38.00

162

_____
10) 51.00

163

_____
6) 50.00

164

_____
7) 50.00

165

_____
6) 45.00

166

8) 39.00

167

6) 57.00

168

7) 47.00

169

7) 43.00

170

12) 42.00

171
_____
10) 38.00

172
_____
7) 54.00

173
_____
10) 47.00

174
_____
9) 50.00

175
_____
12) 55.00

176

———————
11) 51.00

177

———————
10) 52.00

178

———————
11) 37.00

179

———————
12) 57.00

180

———————
11) 52.00

181

9) 47.00
―――

182

12) 35.00
―――

183

6) 58.00
―――

184

9) 56.00
―――

185

9) 46.00
―――

186
----
9) 37.00

187
----
11) 39.00

188
----
6) 35.00

189
----
9) 40.00

190
----
9) 51.00

191

―――――――
7) 55.00

192

―――――――
7) 44.00

193

―――――――
7) 58.00

194

―――――――
6) 40.00

195

―――――――
8) 38.00

196

---
6) 56.00

197

---
8) 45.00

198

---
11) 57.00

199

---
9) 58.00

200

---
12) 44.00

201
_____
7) 45.00

202
_____
7) 48.00

203
_____
9) 52.00

204
_____
8) 51.00

205
_____
6) 46.00

206

_____
11) 58.00

207

_____
10) 45.00

208

_____
6) 49.00

209

_____
10) 57.00

210

_____
7) 46.00

211
_____
10) 37.00

212
_____
6) 51.00

213
_____
10) 41.00

214
_____
7) 40.00

215
_____
11) 36.00

216
_____
11) 40.00

217
_____
11) 41.00

218
_____
12) 50.00

219
_____
8) 46.00

220
_____
6) 38.00

221
_____
9) 41.00

222
_____
8) 54.00

223
_____
8) 49.00

224
_____
11) 53.00

225
_____
11) 50.00

226

---
12) 47.00

227

---
6) 53.00

228

---
9) 38.00

229

---
8) 36.00

230

---
9) 49.00

231

7) 53.00

232

10) 39.00

233

6) 55.00

234

7) 37.00

235

7) 39.00

236

---
10) 35.00

237

---
8) 42.00

238

---
11) 42.00

239

---
12) 56.00

240

---
10) 36.00

241
_____
9) 53.00

242
_____
11) 47.00

243
_____
9) 57.00

244
_____
9) 42.00

245
_____
8) 52.00

246
_____
11) 35.00

247
_____
10) 58.00

248
_____
11) 48.00

249
_____
6) 47.00

250
_____
8) 53.00

251
_____
10) 56.00

252
_____
10) 55.00

253
_____
8) 35.00

254
_____
8) 58.00

255
_____
11) 43.00

256
_____
6) 37.00

257
_____
10) 42.00

258
_____
8) 43.00

259
_____
7) 41.00

260
_____
10) 54.00

261

_____
12) 40.00

262

_____
12) 51.00

263

_____
6) 44.00

264

_____
12) 43.00

265

_____
11) 38.00

266

_____
6) 52.00

267

_____
12) 41.00

268

_____
9) 48.00

269

_____
9) 44.00

270

_____
8) 37.00

271

8) 55.00
_____

272

8) 44.00
_____

273

12) 54.00
_____

274

12) 58.00
_____

275

6) 43.00
_____

276

10) 46.00

277

17) 55.00

278

15) 66.00

279

15) 49.00

280

14) 77.00

281

_____
16) 70.00

282

_____
17) 77.00

283

_____
14) 68.00

284

_____
14) 63.00

285

_____
16) 66.00

286

───────────
17) 72.00

287

───────────
12) 64.00

288

───────────
15) 69.00

289

───────────
14) 52.00

290

───────────
17) 54.00

291

14) 50.00

292

16) 59.00

293

15) 76.00

294

12) 74.00

295

12) 52.00

296

13) 55.00

297

16) 77.00

298

13) 48.00

299

15) 55.00

300

16) 79.00

301
_____
16) 52.00

302
_____
13) 59.00

303
_____
13) 68.00

304
_____
17) 62.00

305
_____
15) 63.00

```
      306
     _____
  18) 71.00



      307
     _____
  16) 61.00



      308
     _____
  18) 73.00



      309
     _____
  18) 69.00



      310
     _____
  12) 56.00
```

```
      311
    _____
17) 53.00


      312
    _____
18) 64.00


      313
    _____
12) 73.00


      314
    _____
16) 69.00


      315
    _____
12) 65.00
```

316
_____
17) 71.00

317
_____
16) 73.00

318
_____
13) 75.00

319
_____
18) 70.00

320
_____
12) 79.00

321

$\overline{14)\ 78.00}$

322

$\overline{16)\ 55.00}$

323

$\overline{13)\ 50.00}$

324

$\overline{15)\ 57.00}$

325

$\overline{18)\ 57.00}$

326
___
13) 72.00

327
___
17) 80.00

328
___
18) 78.00

329
___
13) 54.00

330
___
15) 77.00

331
―――――――
17) 58.00

332
―――――――
18) 56.00

333
―――――――
13) 73.00

334
―――――――
14) 65.00

335
―――――――
15) 65.00

336
_____
14) 72.00

337
_____
16) 78.00

338
_____
15) 62.00

339
_____
15) 48.00

340
_____
12) 59.00

341

12) 75.00
―――――――

342

12) 76.00
―――――――

343

12) 70.00
―――――――

344

17) 57.00
―――――――

345

17) 61.00
―――――――

346

15) 51.00

347

17) 70.00

348

13) 64.00

349

12) 69.00

350

14) 57.00

351

12) 80.00

352

12) 55.00

353

14) 62.00

354

13) 57.00

355

13) 56.00

356
_____
16) 60.00

357
_____
17) 78.00

358
_____
13) 49.00

359
_____
13) 53.00

360
_____
15) 72.00

361

18) 63.00

362

18) 58.00

363

13) 51.00

364

18) 65.00

365

16) 63.00

366
———————
16) 56.00

367
———————
17) 73.00

368
———————
17) 75.00

369
———————
15) 64.00

370
———————
14) 73.00

371

17) 79.00

372

18) 62.00

373

15) 50.00

374

17) 76.00

375

18) 67.00

376

---
16) 54.00

377

---
13) 66.00

378

---
16) 68.00

379

---
12) 71.00

380

---
14) 51.00

381

_____
18) 53.00

382

_____
18) 49.00

383

_____
13) 69.00

384

_____
17) 74.00

385

_____
13) 67.00

386

---
12) 68.00

387

---
12) 57.00

388

---
14) 54.00

389

---
15) 53.00

390

---
14) 60.00

391

12) 78.00

392

14) 71.00

393

12) 54.00

394

18) 66.00

395

18) 50.00

396

———————
15) 59.00

397

———————
14) 75.00

398

———————
18) 61.00

399

———————
16) 76.00

400

———————
17) 64.00

401

---
14) 49.00

402

---
18) 51.00

403

---
16) 62.00

404

---
16) 49.00

405

---
17) 65.00

406

---
15) 78.00

407

---
14) 55.00

408

---
13) 63.00

409

---
16) 50.00

410

---
14) 64.00

411

_____
18) 48.00

412

_____
16) 75.00

413

_____
18) 77.00

414

_____
14) 66.00

415

_____
16) 57.00

416

15) 80.00

417

18) 55.00

418

13) 71.00

419

13) 76.00

420

12) 61.00

421

$$\overline{15) \; 74.00}$$

422

$$\overline{13) \; 70.00}$$

423

$$\overline{12) \; 53.00}$$

424

$$\overline{15) \; 56.00}$$

425

$$\overline{16) \; 51.00}$$

426

16) 53.00

427

17) 67.00

428

13) 61.00

429

13) 58.00

430

12) 67.00

431

14) 48.00

432

14) 76.00

433

14) 67.00

434

18) 59.00

435

16) 65.00

436

---
17) 49.00

437

---
18) 76.00

438

---
17) 56.00

439

---
18) 60.00

440

---
15) 68.00

441

_____
14) 58.00

442

_____
18) 52.00

443

_____
12) 63.00

444

_____
18) 68.00

445

_____
15) 52.00

446

---
15) 67.00

447

---
13) 80.00

448

---
18) 74.00

449

---
14) 59.00

450

---
12) 49.00

451
———————
16) 67.00

452
———————
13) 62.00

453
———————
15) 71.00

454
———————
13) 79.00

455
———————
17) 63.00

456
_____
12) 62.00

457
_____
13) 77.00

458
_____
14) 80.00

459
_____
16) 71.00

460
_____
15) 70.00

461

15) 58.00

462

12) 66.00

463

13) 74.00

464

17) 52.00

465

15) 73.00

466
_____
17) 60.00

467
_____
18) 80.00

468
_____
14) 61.00

469
_____
16) 72.00

470
_____
13) 60.00

471
_____
17) 50.00

472
_____
14) 53.00

473
_____
17) 48.00

474
_____
18) 75.00

475
_____
12) 51.00

476
---
14) 79.00

477
---
15) 61.00

478
---
14) 74.00

479
---
14) 69.00

480
---
16) 58.00

481
———————
15) 79.00

482
———————
12) 50.00

483
———————
16) 74.00

484
———————
15) 54.00

485
———————
12) 77.00

486

$$\overline{12)\ 58.00}$$

487

$$\overline{17)\ 66.00}$$

488

$$\overline{18)\ 79.00}$$

489

$$\overline{17)\ 59.00}$$

490

$$\overline{17)\ 69.00}$$

491

---
21) 107.00

492

---
23) 90.00

493

---
19) 79.00

494

---
25) 95.00

495

---
25) 94.00

496
---
24) 68.00

497
---
20) 117.00

498
---
18) 96.00

499
---
18) 100.00

500
---
5) 112.00

1
```
        3     R: 2
8 ) 26
       24
        2
```

2
```
        4     R: 4
7 ) 32
       28
        4
```

3
```
       12     R: 1
3 ) 37
       36
        1
```

4
```
       11     R: 2
3 ) 35
       33
        2
```

5
```
        9     R: 2
4 ) 38
       36
        2
```

6
```
        8    R: 4
 5 ) 44
       40
        4
```

7
```
       11    R: 1
 4 ) 45
       44
        1
```

8
```
       17    R: 1
 2 ) 35
       34
        1
```

9
```
        7    R: 2
 6 ) 44
       42
        2
```

10
```
        3    R: 3
 7 ) 24
       21
        3
```

11

```
      14    R: 2
3 ) 4 4
      42
       2
```

12

```
       3    R: 5
7 ) 2 6
      21
       5
```

13

```
       5    R: 1
6 ) 3 1
      30
       1
```

14

```
       6    R: 1
6 ) 3 7
      36
       1
```

15

```
       4    R: 1
7 ) 2 9
      28
       1
```

16

```
        3     R: 5
   8 ) 29
        24
         5
```

17

```
        6     R: 3
   4 ) 27
        24
         3
```

18

```
        6     R: 1
   5 ) 31
        30
         1
```

19

```
        3     R: 4
   8 ) 28
        24
         4
```

20

```
        5     R: 5
   7 ) 40
        35
         5
```

21
```
      4    R: 6
8 )38
     32
      6
```

22
```
      4    R: 1
6 )25
     24
      1
```

23
```
      5    R: 4
7 )39
     35
      4
```

24
```
      7    R: 4
6 )46
     42
      4
```

25
```
      6    R: 1
4 )25
     24
      1
```

26

```
         6    R: 2
    6 ) 38
         36
          2
```

27

```
         6    R: 2
    5 ) 32
         30
          2
```

28

```
         5    R: 5
    8 ) 45
         40
          5
```

29

```
         9    R: 1
    3 ) 28
         27
          1
```

30

```
         9    R: 1
    5 ) 46
         45
          1
```

31
```
      6    R: 2
 7 ) 44
      42
       2
```

32
```
      6    R: 6
 7 ) 48
      42
       6
```

33
```
      5    R: 4
 8 ) 44
      40
       4
```

34
```
      5    R: 6
 7 ) 41
      35
       6
```

35
```
     16    R: 1
 2 ) 33
      32
       1
```

36

$$\begin{array}{r} 7 \\ 6\overline{)45} \\ \underline{42} \\ 3 \end{array} \quad R: 3$$

37

$$\begin{array}{r} 3 \\ 8\overline{)25} \\ \underline{24} \\ 1 \end{array} \quad R: 1$$

38

$$\begin{array}{r} 4 \\ 7\overline{)34} \\ \underline{28} \\ 6 \end{array} \quad R: 6$$

39

$$\begin{array}{r} 7 \\ 5\overline{)37} \\ \underline{35} \\ 2 \end{array} \quad R: 2$$

40

$$\begin{array}{r} 3 \\ 8\overline{)31} \\ \underline{24} \\ 7 \end{array} \quad R: 7$$

41
```
        4    R: 2
   7 ) 30
        28
         2
```

42
```
        9    R: 1
   4 ) 37
        36
         1
```

43
```
        5    R: 7
   8 ) 47
        40
         7
```

44
```
        4    R: 1
   8 ) 33
        32
         1
```

45
```
       14    R: 1
   3 ) 43
        42
         1
```

46
```
        6    R: 4
6 ) 40
       36
        4
```

47
```
        6    R: 5
7 ) 47
       42
        5
```

48
```
        6    R: 5
6 ) 41
       36
        5
```

49
```
       11    R: 2
4 ) 46
       44
        2
```

50
```
       10    R: 2
3 ) 32
       30
        2
```

51
```
      5    R: 1
 8 )41
     40
      1
```

52
```
      8    R: 1
 5 )41
     40
      1
```

53
```
      5    R: 2
 5 )27
     25
      2
```

54
```
     20    R: 1
 2 )41
     40
      1
```

55
```
      7    R: 5
 6 )47
     42
      5
```

56

```
      19    R: 1
2 ) 39
      38
       1
```

57

```
       3    R: 6
7 ) 27
      21
       6
```

58

```
       5    R: 2
7 ) 37
      35
       2
```

59

```
      10    R: 1
3 ) 31
      30
       1
```

60

```
       9    R: 2
3 ) 29
      27
       2
```

61

```
       7    R: 4
5 ) 39
      35
       4
```

62

```
       7    R: 3
4 ) 31
      28
       3
```

63

```
       4    R: 5
7 ) 33
      28
       5
```

64

```
      10    R: 1
4 ) 41
      40
       1
```

65

```
      15    R: 1
2 ) 31
      30
       1
```

66

```
        8    R: 3
   4 ) 35
       32
        3
```

67

```
        9    R: 2
   5 ) 47
       45
        2
```

68

```
       22    R: 1
   2 ) 45
       44
        1
```

69

```
        6    R: 3
   6 ) 39
       36
        3
```

70

```
        5    R: 3
   8 ) 43
       40
        3
```

71

```
      5    R: 6
 8 ) 46
     40
      6
```

72

```
      4    R: 3
 6 ) 27
     24
      3
```

73

```
     10    R: 2
 4 ) 42
     40
      2
```

74

```
      7    R: 3
 5 ) 38
     35
      3
```

75

```
      5    R: 4
 6 ) 34
     30
      4
```

76

```
        10    R: 3
  4 ) 43
        40
         3
```

77

```
         4    R: 3
  7 ) 31
        28
         3
```

78

```
         8    R: 3
  5 ) 43
        40
         3
```

79

```
         9    R: 3
  5 ) 48
        45
         3
```

80

```
         8    R: 2
  4 ) 34
        32
         2
```

81

```
        7    R: 1
 4 ) 29
       28
        1
```

82

```
        8    R: 2
 5 ) 42
       40
        2
```

83

```
        4    R: 4
 6 ) 28
       24
        4
```

84

```
        5    R: 2
 8 ) 42
       40
        2
```

85

```
       12    R: 2
 3 ) 38
       36
        2
```

86

```
       8    R: 1
  3 ) 25
      24
       1
```

87

```
       4    R: 2
  8 ) 34
      32
       2
```

88

```
       6    R: 4
  5 ) 34
      30
       4
```

89

```
       9    R: 3
  4 ) 39
      36
       3
```

90

```
       4    R: 4
  8 ) 36
      32
       4
```

91

```
        14    R: 1
 2 ) 29
       28
        1
```

92

```
        15    R: 2
 3 ) 47
       45
        2
```

93

```
         4    R: 7
 8 ) 39
       32
        7
```

94

```
         6    R: 3
 7 ) 45
       42
        3
```

95

```
         3    R: 3
 8 ) 27
       24
        3
```

96

```
      3    R: 6
8 ) 30
     24
      6
```

97

```
     23    R: 1
2 ) 47
     46
      1
```

98

```
      5    R: 3
6 ) 33
     30
      3
```

99

```
      7    R: 2
4 ) 30
     28
      2
```

100

```
      5    R: 3
5) 28
    25
     3
```

101

```
      15    R: 1
  3 ) 46
       45
        1
```

102

```
      21    R: 1
  2 ) 43
       42
        1
```

103

```
       6    R: 3
  5 ) 33
       30
        3
```

104

```
      18    R: 1
  2 ) 37
       36
        1
```

105

```
       4    R: 5
  6 ) 29
       24
        5
```

106
```
        6    R: 4
   7 ) 46
        42
         4
```

107
```
        3    R: 4
   7 ) 25
        21
         4
```

108
```
        5    R: 3
   7 ) 38
        35
         3
```

109
```
        5    R: 1
   5 ) 26
        25
         1
```

110
```
        5    R: 5
   6 ) 35
        30
         5
```

111
```
       8    R: 1
 4 )33
      32
       1
```

112
```
       4    R: 3
 8 )35
      32
       3
```

113
```
      12    R: 1
 2 )25
      24
       1
```

114
```
       5    R: 1
 7 )36
      35
       1
```

115
```
  6    R: 2
    4 )26
      24
       2
```

116

```
      5    R: 2
6 ) 32
     30
      2
```

117

```
     11    R: 1
3 ) 34
     33
          1
```

118

```
      4    R: 5
8 ) 37
     32
          5
```

119

```
     11    R: 3
4 ) 47
     44
   3
```

120

```
     13    R: 1
3 ) 40
     39
   1
```

121

```
       8    R: 2
  3 ) 26
      24
  2
```

122

```
       5    R: 4
  5 ) 29
      25
  4
```

123

```
       7    R: 1
  5 ) 36
      35
  1
```

124

```
       7    R: 1
  6 ) 43
      42
  1
```

125

```
      13    R: 2
  3 ) 41
      39
  2
```

126

```
        4     R: 4
  5 ) 24
       20
      4
```

127

```
        4     R: 2
  6 ) 26
       24
      2
```

128

```
       13     R: 1
  2 ) 27
       26
      1
```

129

```
        6     R: 1
  7 ) 43
       42
      1
```

130

```
        8     R: 1
  7 ) 57
       56
      1
```

131

```
       5    R: 7
  8 ) 47
       40
   7
```

132

```
       5    R: 1
 11 ) 56
       55
    1
```

133

```
       3    R: 3
 12 ) 39
       36
    3
```

134

```
       4    R: 9
 10 ) 49
       40
    9
```

135

```
       4    R: 5
 12 ) 53
       48
    5
```

136

```
         4    R: 3
10 ) 43
       40
     3
```

137

```
         4    R: 2
11 ) 46
       44
     2
```

138

```
        3     R: 8
 9 ) 35
      27
       8
```

139

```
         3    R: 1
12 ) 37
       36
        1
```

140

```
         4    R: 10
11 ) 54
       44
       10
```

141

```
       5    R: 3
10 ) 53
      50
       3
```

142

```
       6    R: 1
 9 ) 55
      54
       1
```

143

```
       4    R: 1
12 ) 49
      48
       1
```

144

```
       3    R: 10
12 ) 46
      36
      10
```

145

```
       7    R: 3
 7 ) 52
      49
       3
```

146

```
      6    R: 2
8 ) 50
     48
      2
```

147

```
      4    R: 7
9 ) 43
     36
      7
```

148

```
      4    R: 3
9 ) 39
     36
      3
```

149

```
       3    R: 2
12 ) 38
      36
       2
```

150

```
       4    R: 5
11 ) 49
      44
       5
```

151
```
         4    R: 8
   10 ) 48
        40
         8
```

152
```
         7    R: 1
    8 ) 57
        56
         1
```

153
```
         4    R: 4
   10 ) 44
        40
         4
```

154
```
         4    R: 4
   12 ) 52
        48
         4
```

155
```
         5    R: 1
    7 ) 36
        35
         1
```

156

```
      7    R: 2
7 ) 51
     49
      2
```

157

```
      6    R: 3
6 ) 39
     36
      3
```

158

```
      5    R: 1
8 ) 41
     40
      1
```

159

```
      6    R: 5
6 ) 41
     36
      5
```

160

```
       3   R: 9
12 ) 45
     36
      9
```

161
```
        5     R: 3
7 ) 38
       35
        3
```

162
```
         5    R: 1
10 ) 51
        50
         1
```

163
```
        8     R: 2
6 ) 50
       48
        2
```

164
```
        7     R: 1
7 ) 50
       49
        1
```

165
```
        7     R: 3
6 ) 45
       42
        3
```

166

```
        4    R: 7
  8 ) 39
       32
        7
```

167

```
        9    R: 3
  6 ) 57
       54
        3
```

168

```
        6    R: 5
  7 ) 47
       42
        5
```

169

```
        6    R: 1
  7 ) 43
       42
        1
```

170

```
        3    R: 6
 12 ) 42
       36
        6
```

171

```
        3    R: 8
10 ) 38
       30
        8
```

172

```
        7    R: 5
 7 ) 54
       49
        5
```

173

```
        4    R: 7
10 ) 47
       40
        7
```

174

```
        5    R: 5
 9 ) 50
       45
        5
```

175

```
        4    R: 7
12 ) 55
       48
        7
```

176.

```
       4    R: 7
   11 ) 51
       44
        7
```

177.

```
       5    R: 2
   10 ) 52
       50
        2
```

178.

```
       3    R: 4
   11 ) 37
       33
        4
```

179.

```
       4    R: 9
   12 ) 57
       48
        9
```

180.

```
       4    R: 8
   11 ) 52
       44
        8
```

181

```
       5    R: 2
  9 ) 47
      45
       2
```

182

```
        2    R: 11
  12 ) 35
       24
       11
```

183

```
       9    R: 4
  6 ) 58
      54
       4
```

184

```
       6    R: 2
  9 ) 56
      54
       2
```

185

```
       5    R: 1
  9 ) 46
      45
       1
```

186

```
        4    R: 1
   9 ) 37
       36
        1
```

187

```
        3    R: 6
  11 ) 39
       33
        6
```

188

```
        5    R: 5
   6 ) 35
       30
        5
```

189

```
        4    R: 4
   9 ) 40
       36
        4
```

190

```
        5    R: 6
   9 ) 51
       45
        6
```

191
```
        7    R: 6
  7 ) 55
       49
        6
```

192
```
        6    R: 2
  7 ) 44
       42
        2
```

193
```
        8    R: 2
  7 ) 58
       56
        2
```

194
```
        6    R: 4
  6 ) 40
       36
        4
```

195
```
        4    R: 6
  8 ) 38
       32
        6
```

196
```
        9   R: 2
  6 ) 56
       54
        2
```

197
```
        5   R: 5
  8 ) 45
       40
        5
```

198
```
         5   R: 2
  11 ) 57
        55
         2
```

199
```
        6   R: 4
  9 ) 58
       54
        4
```

200
```
         3   R: 8
  12 ) 44
        36
         8
```

201

```
       6     R: 3
  7 ) 45
      42
       3
```

202

```
       6     R: 6
  7 ) 48
      42
       6
```

203

```
       5     R: 7
  9 ) 52
      45
       7
```

204

```
       6     R: 3
  8 ) 51
      48
       3
```

205

```
       7     R: 4
  6 ) 46
      42
       4
```

206

```
         5     R: 3
    11 ) 58
        55
         3
```

207

```
         4     R: 5
    10 ) 45
        40
         5
```

208

```
         8     R: 1
     6 ) 49
        48
         1
```

209

```
         5     R: 7
    10 ) 57
        50
         7
```

210

```
         6     R: 4
     7 ) 46
        42
         4
```

211

```
       3    R: 7
10 ) 37
      30
       7
```

212

```
       8    R: 3
 6 ) 51
      48
       3
```

213

```
       4    R: 1
10 ) 41
      40
       1
```

214

```
       5    R: 5
 7 ) 40
      35
       5
```

215

```
       3    R: 3
11 ) 36
      33
       3
```

216

```
        3     R: 7
  11 ) 40
       33
        7
```

217

```
        3     R: 8
  11 ) 41
       33
        8
```

218

```
        4     R: 2
  12 ) 50
       48
        2
```

219

```
        5     R: 6
   8 ) 46
       40
        6
```

220

```
        6     R: 2
   6 ) 38
       36
        2
```

221

```
       4    R: 5
 9 ) 41
      36
       5
```

222

```
       6    R: 6
 8 ) 54
      48
       6
```

223

```
       6    R: 1
 8 ) 49
      48
       1
```

224

```
       4    R: 9
11 ) 53
      44
       9
```

225

```
       4    R: 6
11 ) 50
      44
       6
```

226

```
         3     R: 11
   12 ) 47
         36
         11
```

227

```
         8     R: 5
    6 ) 53
         48
          5
```

228

```
         4     R: 2
    9 ) 38
         36
          2
```

229

```
         4     R: 4
    8 ) 36
         32
          4
```

230

```
         5     R: 4
    9 ) 49
         45
          4
```

231

```
         7    R: 4
    7 ) 53
        49
         4
```

232

```
         3    R: 9
   10 ) 39
        30
         9
```

233

```
         9    R: 1
    6 ) 55
        54
         1
```

234

```
         5    R: 2
    7 ) 37
        35
         2
```

235

```
         5    R: 4
    7 ) 39
        35
         4
```

236
```
        3     R: 5
   10 ) 35
        30
         5
```

237
```
        5     R: 2
    8 ) 42
        40
         2
```

238
```
        3     R: 9
   11 ) 42
        33
         9
```

239
```
        4     R: 8
   12 ) 56
        48
         8
```

240
```
        3     R: 6
   10 ) 36
        30
         6
```

241

```
        5   R: 8
  9 ) 53
       45
        8
```

242

```
         4   R: 3
  11 ) 47
        44
         3
```

243

```
        6   R: 3
  9 ) 57
       54
        3
```

244

```
        4   R: 6
  9 ) 42
       36
        6
```

245

```
        6   R: 4
  8 ) 52
       48
        4
```

246

```
         3    R: 2
   11 ) 35
        33
         2
```

247

```
         5    R: 8
   10 ) 58
        50
         8
```

248

```
         4    R: 4
   11 ) 48
        44
         4
```

249

```
         7    R: 5
    6 ) 47
        42
         5
```

250

```
         6    R: 5
    8 ) 53
        48
         5
```

251

```
        5    R: 6
10 ) 56
       50
        6
```

252

```
        5    R: 5
10 ) 55
       50
        5
```

253

```
       4    R: 3
8 ) 35
     32
      3
```

254

```
       7    R: 2
8 ) 58
     56
      2
```

255

```
        3    R: 10
11 ) 43
      33
      10
```

256

```
        6    R: 1
6 ) 37
       36
        1
```

257

```
        4    R: 2
10 ) 42
       40
        2
```

258

```
        5    R: 3
8 ) 43
       40
        3
```

259

```
        5    R: 6
7 ) 41
       35
        6
```

260

```
        5    R: 4
10 ) 54
       50
        4
```

261

```
        3    R: 4
12 ) 40
       36
        4
```

262

```
        4    R: 3
12 ) 51
       48
        3
```

263

```
       7    R: 2
 6 ) 44
      42
       2
```

264

```
        3    R: 7
12 ) 43
       36
        7
```

265

```
        3    R: 5
11 ) 38
       33
        5
```

266

```
        8    R: 4
  6 ) 52
       48
        4
```

267

```
         3   R: 5
  12 ) 41
        36
         5
```

268

```
        5    R: 3
  9 ) 48
       45
        3
```

269

```
        4    R: 8
  9 ) 44
       36
        8
```

270

```
        4    R: 5
  8 ) 37
       32
        5
```

271

```
       6    R: 7
 8 ) 55
      48
       7
```

272

```
       5    R: 4
 8 ) 44
      40
       4
```

273

```
        4    R: 6
 12 ) 54
       48
        6
```

274

```
        4    R: 10
 12 ) 58
       48
       10
```

275

```
       7    R: 1
 6 ) 43
      42
       1
```

276

```
        4    R: 6
   10 ) 46
        40
         6
```

277

```
        3    R: 4
   17 ) 55
        51
         4
```

278

```
        4    R: 6
   15 ) 66
        60
         6
```

279

```
        3    R: 4
   15 ) 49
        45
         4
```

280

```
        5    R: 7
   14 ) 77
        70
         7
```

281
```
         4    R: 6
   16 ) 70
        64
         6
```

282
```
         4    R: 9
   17 ) 77
        68
         9
```

283
```
         4    R: 12
   14 ) 68
        56
        12
```

284
```
         4    R: 7
   14 ) 63
        56
         7
```

285
```
         4    R: 2
   16 ) 66
        64
         2
```

286

```
          4    R: 4
    17 ) 72
         68
          4
```

287

```
          5    R: 4
    12 ) 64
         60
          4
```

288

```
          4    R: 9
    15 ) 69
         60
          9
```

289

```
          3    R: 10
    14 ) 52
         42
         10
```

290

```
          3    R: 3
    17 ) 54
         51
          3
```

291

```
        3    R: 8
14 ) 50
       42
        8
```

292

```
        3    R: 11
16 ) 59
       48
       11
```

293

```
        5    R: 1
15 ) 76
       75
        1
```

294

```
        6    R: 2
12 ) 74
       72
        2
```

295

```
        4    R: 4
12 ) 52
       48
        4
```

296

$$\begin{array}{r}4\text{R: }3\\13\overline{)55}\\52\\\hline 3\end{array}$$

297

$$\begin{array}{r}4\text{R: }13\\16\overline{)77}\\64\\\hline 13\end{array}$$

298

$$\begin{array}{r}3\text{R: }9\\13\overline{)48}\\39\\\hline 9\end{array}$$

299

$$\begin{array}{r}3\text{R: }10\\15\overline{)55}\\45\\\hline 10\end{array}$$

300

$$\begin{array}{r}4\text{R: }15\\16\overline{)79}\\64\\\hline 15\end{array}$$

301

```
        3     R: 4
  16 ) 52
       48
        4
```

302

```
        4     R: 7
  13 ) 59
       52
        7
```

303

```
        5     R: 3
  13 ) 68
       65
        3
```

304

```
        3     R: 11
  17 ) 62
       51
       11
```

305

```
        4     R: 3
  15 ) 63
       60
        3
```

306

```
         3      R: 17
    18 ) 71
        54
        17
```

307

```
         3      R: 13
    16 ) 61
        48
        13
```

308

```
         4      R: 1
    18 ) 73
        72
         1
```

309

```
         3      R: 15
    18 ) 69
        54
        15
```

310

```
         4      R: 8
    12 ) 56
        48
         8
```

311

```
        3    R: 2
17  ) 53
       51
        2
```

312

```
        3    R: 10
18  ) 64
       54
       10
```

313

```
        6    R: 1
12  ) 73
       72
        1
```

314

```
        4    R: 5
16  ) 69
       64
        5
```

315

```
        5    R: 5
12  ) 65
       60
        5
```

316

$$\begin{array}{r} 4\text{ R: }3 \\ 17\,)\,\overline{71} \\ 68 \\ \hline 3 \end{array}$$

317

$$\begin{array}{r} 4\text{ R: }9 \\ 16\,)\,\overline{73} \\ 64 \\ \hline 9 \end{array}$$

318

$$\begin{array}{r} 5\text{ R: }10 \\ 13\,)\,\overline{75} \\ 65 \\ \hline 10 \end{array}$$

319

$$\begin{array}{r} 3\text{ R: }16 \\ 18\,)\,\overline{70} \\ 54 \\ \hline 16 \end{array}$$

320

$$\begin{array}{r} 6\text{ R: }7 \\ 12\,)\,\overline{79} \\ 72 \\ \hline 7 \end{array}$$

321

```
         5    R: 8
   14 ) 78
        70
         8
```

322

```
         3    R: 7
   16 ) 55
        48
         7
```

323

```
         3    R: 11
   13 ) 50
        39
        11
```

324

```
         3    R: 12
   15 ) 57
        45
        12
```

325

```
         3    R: 3
   18 ) 57
        54
         3
```

326

$$\begin{array}{r}5\text{ R: }7\\13\,)\,72\\\underline{65}\\7\end{array}$$

327

$$\begin{array}{r}4\text{ R: }12\\17\,)\,80\\\underline{68}\\12\end{array}$$

328

$$\begin{array}{r}4\text{ R: }6\\18\,)\,78\\\underline{72}\\6\end{array}$$

329

$$\begin{array}{r}4\text{ R: }2\\13\,)\,54\\\underline{52}\\2\end{array}$$

330

$$\begin{array}{r}5\text{ R: }2\\15\,)\,77\\\underline{75}\\2\end{array}$$

331

```
        3    R: 7
17 ) 58
       51
        7
```

332

```
        3    R: 2
18 ) 56
       54
        2
```

333

```
        5    R: 8
13 ) 73
       65
        8
```

334

```
        4    R: 9
14 ) 65
       56
        9
```

335

```
        4    R: 5
15 ) 65
       60
        5
```

336

```
        5     R: 2
   14 ) 72
        70
         2
```

337

```
        4     R: 14
   16 ) 78
        64
        14
```

338

```
        4     R: 2
   15 ) 62
        60
         2
```

339

```
        3     R: 3
   15 ) 48
        45
         3
```

340

```
        4     R: 11
   12 ) 59
        48
        11
```

341
```
        6    R: 3
   12 ) 75
        72
         3
```

342
```
        6    R: 4
   12 ) 76
        72
         4
```

343
```
        5    R: 10
   12 ) 70
        60
        10
```

344
```
        3    R: 6
   17 ) 57
        51
         6
```

345
```
        3    R: 10
   17 ) 61
        51
        10
```

346

```
        3     R: 6
15 ) 51
     45
      6
```

347

```
        4     R: 2
17 ) 70
     68
      2
```

348

```
        4     R: 12
13 ) 64
     52
     12
```

349

```
        5     R: 9
12 ) 69
     60
      9
```

350

```
        4     R: 1
14 ) 57
     56
      1
```

351

```
        6    R: 8
 12 ) 80
       72
        8
```

352

```
        4    R: 7
 12 ) 55
       48
        7
```

353

```
        4    R: 6
 14 ) 62
       56
        6
```

354

```
        4    R: 5
 13 ) 57
       52
        5
```

355

```
        4    R: 4
 13 ) 56
       52
        4
```

356

$$\begin{array}{r} 3\text{ R: }12 \\ 16\,\overline{)60} \\ \underline{48} \\ 12 \end{array}$$

357

$$\begin{array}{r} 4\text{ R: }10 \\ 17\,\overline{)78} \\ \underline{68} \\ 10 \end{array}$$

358

$$\begin{array}{r} 3\text{ R: }10 \\ 13\,\overline{)49} \\ \underline{39} \\ 10 \end{array}$$

359

$$\begin{array}{r} 4\text{ R: }1 \\ 13\,\overline{)53} \\ \underline{52} \\ 1 \end{array}$$

360

$$\begin{array}{r} 4\text{ R: }12 \\ 15\,\overline{)72} \\ \underline{60} \\ 12 \end{array}$$

361

```
         3    R: 9
   18 ) 63
        54
         9
```

362

```
         3    R: 4
   18 ) 58
        54
         4
```

363

```
         3    R: 12
   13 ) 51
        39
        12
```

364

```
         3    R: 11
   18 ) 65
        54
        11
```

365

```
         3    R: 15
   16 ) 63
        48
        15
```

366

```
        3     R: 8
16 ) 56
      48
       8
```

367

```
        4     R: 5
17 ) 73
      68
       5
```

368

```
        4     R: 7
17 ) 75
      68
       7
```

369

```
        4     R: 4
15 ) 64
      60
       4
```

370

```
        5     R: 3
14 ) 73
      70
       3
```

371

```
        4    R: 11
17 ) 79
     68
     11
```

372

```
        3    R: 8
18 ) 62
     54
      8
```

373

```
        3    R: 5
15 ) 50
     45
      5
```

374

```
        4    R: 8
17 ) 76
     68
      8
```

375

```
        3    R: 13
18 ) 67
     54
     13
```

376

```
        3     R: 6
16  ) 54
       48
        6
```

377

```
        5     R: 1
13  ) 66
       65
        1
```

378

```
        4     R: 4
16  ) 68
       64
        4
```

379

```
        5     R: 11
12  ) 71
       60
       11
```

380

```
        3     R: 9
14  ) 51
       42
        9
```

381

```
         2    R: 17
   18 ) 53
        36
        17
```

382

```
         2    R: 13
   18 ) 49
        36
        13
```

383

```
         5    R: 4
   13 ) 69
        65
         4
```

384

```
         4    R: 6
   17 ) 74
        68
         6
```

385

```
         5    R: 2
   13 ) 67
        65
         2
```

386

```
         5    R: 8
    12 ) 68
         60
          8
```

387

```
         4    R: 9
    12 ) 57
         48
          9
```

388

```
         3    R: 12
    14 ) 54
         42
         12
```

389

```
         3    R: 8
    15 ) 53
         45
          8
```

390

```
         4    R: 4
    14 ) 60
         56
          4
```

391
```
        6    R: 6
  12 ) 78
       72
        6
```

392
```
        5    R: 1
  14 ) 71
       70
        1
```

393
```
        4    R: 6
  12 ) 54
       48
        6
```

394
```
        3    R: 12
  18 ) 66
       54
       12
```

395
```
        2    R: 14
  18 ) 50
       36
       14
```

396

```
        3     R: 14
   15 ) 59
        45
        14
```

397

```
        5     R: 5
   14 ) 75
        70
         5
```

398

```
        3     R: 7
   18 ) 61
        54
         7
```

399

```
        4     R: 12
   16 ) 76
        64
        12
```

400

```
        3     R: 13
   17 ) 64
        51
        13
```

401

```
        3     R: 7
14 ) 49
       42
        7
```

402

```
        2     R: 15
18 ) 51
       36
       15
```

403

```
        3     R: 14
16 ) 62
       48
       14
```

404

```
        3     R: 1
16 ) 49
       48
        1
```

405

```
        3     R: 14
17 ) 65
       51
       14
```

406

```
         5     R: 3
  15 ) 78
        75
         3
```

407

```
         3     R: 13
  14 ) 55
        42
        13
```

408

```
         4     R: 11
  13 ) 63
        52
        11
```

409

```
         3     R: 2
  16 ) 50
        48
         2
```

410

```
         4     R: 8
  14 ) 64
        56
         8
```

411

```
         2    R: 12
  18 ) 48
        36
        12
```

412

```
         4    R: 11
  16 ) 75
        64
        11
```

413

```
         4    R: 5
  18 ) 77
        72
         5
```

414

```
         4    R: 10
  14 ) 66
        56
        10
```

415

```
         3    R: 9
  16 ) 57
        48
         9
```

416

```
        5    R: 5
   15 ) 80
        75
         5
```

417

```
        3    R: 1
   18 ) 55
        54
         1
```

418

```
        5    R: 6
   13 ) 71
        65
         6
```

419

```
        5    R: 11
   13 ) 76
        65
        11
```

420

```
        5    R: 1
   12 ) 61
        60
         1
```

421

```
        4    R: 14
15 ) 74
       60
       14
```

422

```
        5    R: 5
13 ) 70
       65
        5
```

423

```
        4    R: 5
12 ) 53
       48
        5
```

424

```
        3    R: 11
15 ) 56
       45
       11
```

425

```
        3    R: 3
16 ) 51
       48
        3
```

426

$$\begin{array}{r} 3 \\ 16 \overline{)53} \\ \underline{48} \\ 5 \end{array}$$ R: 5

427

$$\begin{array}{r} 3 \\ 17 \overline{)67} \\ \underline{51} \\ 16 \end{array}$$ R: 16

428

$$\begin{array}{r} 4 \\ 13 \overline{)61} \\ \underline{52} \\ 9 \end{array}$$ R: 9

429

$$\begin{array}{r} 4 \\ 13 \overline{)58} \\ \underline{52} \\ 6 \end{array}$$ R: 6

430

$$\begin{array}{r} 5 \\ 12 \overline{)67} \\ \underline{60} \\ 7 \end{array}$$ R: 7

431

```
        3     R: 6
  14 ) 48
       42
        6
```

432

```
        5     R: 6
  14 ) 76
       70
        6
```

433

```
        4     R: 11
  14 ) 67
       56
       11
```

434

```
        3     R: 5
  18 ) 59
       54
        5
```

435

```
        4     R: 1
  16 ) 65
       64
        1
```

436

```
         2    R: 15
   17 ) 49
        34
        15
```

437

```
         4    R: 4
   18 ) 76
        72
         4
```

438

```
         3    R: 5
   17 ) 56
        51
         5
```

439

```
         3    R: 6
   18 ) 60
        54
         6
```

440

```
         4    R: 8
   15 ) 68
        60
         8
```

441

```
        4    R: 2
14 ) 58
     56
      2
```

442

```
        2    R: 16
18 ) 52
     36
     16
```

443

```
        5    R: 3
12 ) 63
     60
      3
```

444

```
        3    R: 14
18 ) 68
     54
     14
```

445

```
        3    R: 7
15 ) 52
     45
      7
```

446

```
        4    R: 7
  15 ) 67
       60
        7
```

447

```
        6    R: 2
  13 ) 80
       78
        2
```

448

```
        4    R: 2
  18 ) 74
       72
        2
```

449

```
        4    R: 3
  14 ) 59
       56
        3
```

450

```
        4    R: 1
  12 ) 49
       48
        1
```

451
```
        4    R: 3
16 ) 67
     64
      3
```

452
```
        4    R: 10
13 ) 62
     52
     10
```

453
```
        4    R: 11
15 ) 71
     60
     11
```

454
```
        6    R: 1
13 ) 79
     78
      1
```

455
```
        3    R: 12
17 ) 63
     51
     12
```

456

```
         5    R: 2
    12 ) 62
        60
         2
```

457

```
         5    R: 12
    13 ) 77
        65
        12
```

458

```
         5    R: 10
    14 ) 80
        70
        10
```

459

```
         4    R: 7
    16 ) 71
        64
         7
```

460

```
         4    R: 10
    15 ) 70
        60
        10
```

461
```
         3     R: 13
   15 ) 58
        45
        13
```

462
```
         5     R: 6
   12 ) 66
        60
         6
```

463
```
         5     R: 9
   13 ) 74
        65
         9
```

464
```
         3     R: 1
   17 ) 52
        51
         1
```

465
```
         4     R: 13
   15 ) 73
        60
        13
```

466

```
         3    R: 9
   17 ) 60
        51
         9
```

467

```
         4    R: 8
   18 ) 80
        72
         8
```

468

```
         4    R: 5
   14 ) 61
        56
         5
```

469

```
         4    R: 8
   16 ) 72
        64
         8
```

470

```
         4    R: 8
   13 ) 60
        52
         8
```

471

```
       2    R: 16
  17 ) 50
       34
       16
```

472

```
       3    R: 11
  14 ) 53
       42
       11
```

473

```
       2    R: 14
  17 ) 48
       34
       14
```

474

```
       4    R: 3
  18 ) 75
       72
        3
```

475

```
       4    R: 3
  12 ) 51
       48
        3
```

476

```
        5     R: 9
   14 ) 79
        70
         9
```

477

```
        4     R: 1
   15 ) 61
        60
         1
```

478

```
        5     R: 4
   14 ) 74
        70
         4
```

479

```
        4     R: 13
   14 ) 69
        56
        13
```

480

```
        3     R: 10
   16 ) 58
        48
        10
```

481
```
      5    R: 4
15 ) 79
     75
      4
```

482
```
      4    R: 2
12 ) 50
     48
      2
```

483
```
      4    R: 10
16 ) 74
     64
     10
```

484
```
      3    R: 9
15 ) 54
     45
      9
```

485
```
      6    R: 5
12 ) 77
     72
      5
```

486

```
         4     R: 10
    12 ) 58
         48
         10
```

487

```
         3     R: 15
    17 ) 66
         51
         15
```

488

```
         4     R: 7
    18 ) 79
         72
          7
```

489

```
         3     R: 8
    17 ) 59
         51
          8
```

490

```
         4     R: 1
    17 ) 69
         68
          1
```

491
```
         5     R: 2
  21 ) 107
        105
          2
```

492
```
         3     R: 21
  23 ) 90
        69
        21
```

493
```
         4     R: 3
  19 ) 79
        76
         3
```

494
```
         3     R: 20
  25 ) 95
        75
        20
```

495
```
         3    R: 19
  25 ) 94
        75
        19
```

496

```
        2    R: 20
   24 ) 68
        48
        20
```

497

```
        5    R: 17
   20 ) 117
        100
         17
```

498

```
        5    R: 6
   18 ) 96
        90
         6
```

499

```
        5    R: 10
   18 ) 100
        90
        10
```

500

```
        4    R: 12
   25 ) 112
        100
         12
```

1
```
         3.25
    8 )26.00
       24
        20
        16
        40
```

2
```
         4.57
    7 )32.00
       28
        40
        35
        50
```

3
```
        12.33
    3 )37.00
       36
        10
         9
        10
```

4
```
        11.66
    3 )35.00
       33
        20
        18
        20
```

5
```
         9.5
    4 )38.00
       36
        20
        20
         0
```

6
```
       8.8
  5 ) 44.00
       40
        40
        40
         0
```

7
```
       11.25
  4 ) 45.00
       44
        10
         8
        20
```

8
```
       17.5
  2 ) 35.00
       34
        10
        10
         0
```

9
```
       7.33
  6 ) 44.00
       42
        20
        18
        20
```

10
```
       3.42
  7 ) 24.00
       21
        30
        28
        20
```

11.
```
      14.66
   3 )44.00
     42
      20
      18
      20
```

12.
```
       3.71
   7 )26.00
     21
      50
      49
      10
```

13.
```
       5.16
   6 )31.00
     30
      10
       6
      40
```

14.
```
       6.16
   6 )37.00
     36
      10
       6
      40
```

15.
```
       4.14
 7 )29.00
    28
     10
      7
     30
```

16
```
          3.62
8 ) 29.00
      24
          50
          48
          20
```

17
```
          6.75
4 ) 27.00
      24
          30
          28
          20
```

18
```
          6.2
5 ) 31.00
      30
          10
          10
           0
```

19
```
          3.5
8 ) 28.00
      24
          40
          40
           0
```

20
```
          5.71
7 ) 40.00
      35
          50
          49
          10
```

21
```
        4.75
8 )38.00
      32
        60
        56
        40
```

22
```
        4.16
6 )25.00
      24
        10
         6
        40
```

23
```
        5.57
7 )39.00
      35
        40
        35
        50
```

24
```
        7.66
6 )46.00
      42
        40
        36
        40
```

25
```
        6.25
4 )25.00
      24
        10
         8
        20
```

26
```
        6.33
6 ) 38.00
     36
        20
        18
        20
```

27
```
        6.4
5 ) 32.00
     30
        20
        20
         0
```

28
```
        5.62
8 ) 45.00
     40
        50
        48
        20
```

29
```
        9.33
3 ) 28.00
     27
        10
         9
        10
```

30
```
        9.2
5 ) 46.00
     45
        10
        10
         0
```

31
```
       6.28
7 ) 44.00
     42
       20
       14
       60
```

32
```
       6.85
7 ) 48.00
     42
       60
       56
       40
```

33
```
       5.5
8 ) 44.00
     40
       40
       40
        0
```

34
```
       5.85
7 ) 41.00
     35
       60
       56
       40
```

35
```
       16.5
2 ) 33.00
     32
       10
       10
        0
```

36
```
        7.5
6 )45.00
      42
        30
        30
         0
```

37
```
        3.12
8 )25.00
      24
        10
         8
        20
```

38
```
        4.85
7 )34.00
      28
        60
        56
        40
```

39
```
        7.4
5 )37.00
      35
        20
        20
         0
```

40
```
        3.87
8 )31.00
      24
        70
        64
        60
```

41
```
        4.28
7 ) 30.00
       28
        20
        14
        60
```

42
```
        9.25
4 ) 37.00
       36
        10
         8
        20
```

43
```
        5.87
8 ) 47.00
       40
        70
        64
        60
```

44
```
        4.12
8 ) 33.00
       32
        10
         8
        20
```

45
```
       14.33
3 ) 43.00
       42
        10
         9
        10
```

46
```
        6.66
6 ) 40.00
     36
      40
      36
      40
```

47
```
        6.71
7 ) 47.00
     42
      50
      49
      10
```

48
```
        6.83
6 ) 41.00
     36
      50
      48
      20
```

49
```
       11.5
4 ) 46.00
     44
      20
      20
       0
```

50
```
       10.66
3 ) 32.00
     30
      20
      18
      20
```

51
```
        5.12
8 ) 41.00
      40
       10
        8
       20
```

52
```
       8.2
5 ) 41.00
      40
       10
       10
        0
```

53
```
        5.4
5 ) 27.00
      25
       20
       20
        0
```

54
```
       20.5
2 ) 41.00
      40
       10
       10
        0
```

55
```
        7.83
6 ) 47.00
      42
       50
       48
       20
```

56
```
        19.5
  2 )39.00
       38
        10
        10
         0
```

57
```
        3.85
  7 )27.00
       21
        60
        56
        40
```

58
```
        5.28
  7 )37.00
       35
        20
        14
        60
```

59
```
       10.33
  3 )31.00
       30
        10
         9
        10
```

60
```
        9.66
  3 )29.00
       27
        20
        18
        20
```

61
```
       7.8
5 )39.00
     35
        40
        40
         0
```

62
```
       7.75
4 )31.00
     28
        30
        28
        20
```

63
```
       4.71
7 )33.00
     28
        50
        49
        10
```

64
```
      10.25
4 )41.00
     40
        10
         8
        20
```

65
```
       15.5
2 )31.00
     30
        10
        10
         0
```

66
```
         8.75
    4 )35.00
         32
          30
          28
           20
```

67
```
         9.4
    5 )47.00
         45
          20
          20
           0
```

68
```
        22.5
    2 )45.00
         44
          10
          10
           0
```

69
```
         6.5
    6 )39.00
         36
          30
          30
           0
```

70
```
         5.37
    8 )43.00
         40
          30
          24
          60
```

71
```
        5.75
8 ) 46.00
     40
      60
      56
      40
```

72
```
        4.5
6 ) 27.00
     24
      30
      30
       0
```

73
```
       10.5
4 ) 42.00
     40
      20
      20
       0
```

74
```
        7.6
5 ) 38.00
     35
      30
      30
       0
```

75
```
        5.66
6 ) 34.00
     30
      40
      36
      40
```

76
```
        10.75
4 ) 43.00
     40
        30
        28
        20
```

77
```
         4.42
7 ) 31.00
     28
        30
        28
        20
```

78
```
        8.6
5 ) 43.00
     40
        30
        30
         0
```

79
```
        9.6
5 ) 48.00
     45
        30
        30
         0
```

80
```
        8.5
4 ) 34.00
     32
        20
        20
         0
```

81
```
        7.25
   4 )29.00
        28
         10
          8
         20
```

82
```
        8.4
   5 )42.00
        40
         20
         20
          0
```

83
```
        4.66
   6 )28.00
        24
         40
         36
         40
```

84
```
        5.25
   8 )42.00
        40
         20
         16
         40
```

85
```
       12.66
   3 )38.00
        36
         20
         18
         20
```

86
```
       8.33
3 )25.00
      24
       10
        9
       10
```

87
```
       4.25
8 )34.00
     32
       20
       16
       40
```

88
```
      6.8
5 )34.00
     30
       40
       40
        0
```

89
```
      9.75
4 )39.00
     36
       30
       28
       20
```

90
```
      4.5
8 )36.00
     32
       40
       40
        0
```

91
```
        14.5
2 ) 29.00
     28
      10
      10
       0
```

92
```
        15.66
3 ) 47.00
     45
      20
      18
      20
```

93
```
        4.87
8 ) 39.00
     32
      70
      64
      60
```

94
```
        6.42
7 ) 45.00
     42
      30
      28
      20
```

95
```
        3.37
8 ) 27.00
     24
      30
      24
      60
```

96
```
        3.75
8 )30.00
        24
         60
         56
         40
```

97
```
        23.5
2 )47.00
        46
         10
         10
          0
```

98
```
        5.5
6 )33.00
        30
         30
         30
          0
```

99
```
        7.5
4 )30.00
        28
         20
         20
          0
```

100
```
        5.6
5 )28.00
        25
         30
         30
          0
```

101
```
        15.33
   3 )46.00
        45
        ──
         10
          9
         ──
         10
```

102
```
        21.5
   2 )43.00
        42
        ──
         10
         10
         ──
          0
```

103
```
         6.6
   5 )33.00
        30
        ──
         30
         30
         ──
          0
```

104
```
        18.5
   2 )37.00
        36
        ──
         10
         10
         ──
          0
```

105
```
         4.83
   6 )29.00
        24
        ──
         50
         48
         ──
         20
```

106
```
        6.57
    7 )46.00
       42
        40
        35
        50
```

107
```
        3.57
    7 )25.00
       21
        40
        35
        50
```

108
```
        5.42
    7 )38.00
       35
        30
        28
        20
```

109
```
        5.2
    5 )26.00
       25
        10
        10
         0
```

110
```
        5.83
    6 )35.00
       30
        50
        48
        20
```

111
```
        8.25
    4 )33.00
       32
        10
         8
        20
```

112
```
        4.37
    8 )35.00
       32
        30
        24
        60
```

113
```
       12.5
    2 )25.00
       24
        10
        10
         0
```

114
```
        5.14
    7 )36.00
       35
        10
         7
        30
```

115
```
        6.5
    4 )26.00
       24
        20
        20
         0
```

116
```
        5.33
 6 )32.00
       30
        20
        18
        20
```

117
```
       11.33
 3 )34.00
       33
        10
         9
        10
```

118
```
        4.62
 8 )37.00
       32
        50
        48
        20
```

119
```
       11.75
 4 )47.00
       44
        30
        28
        20
```

120
```
       13.33
 3 )40.00
       39
        10
         9
        10
```

121
```
        8.66
   3 )26.00
       24
        20
        18
        20
```

122
```
        5.8
   5 )29.00
       25
        40
        40
         0
```

123
```
        7.2
   5 )36.00
       35
        10
        10
         0
```

124
```
        7.16
   6 )43.00
       42
        10
         6
        40
```

125
```
       13.66
   3 )41.00
       39
        20
        18
        20
```

126
```
        4.8
   5 )24.00
        20
         40
         40
          0
```

127
```
       4.33
   6 )26.00
        24
         20
         18
         20
```

128
```
       13.5
   2 )27.00
        26
         10
         10
          0
```

129
```
       6.14
   7 )43.00
        42
         10
          7
         30
```

130
```
       8.14
   7 )57.00
        56
         10
          7
         30
```

131
```
        5.87
   8 )47.00
       40
        70
        64
         60
```

132
```
        5.09
  11 )56.00
       55
        10
         0
        100
```

133
```
        3.25
  12 )39.00
       36
        30
        24
         60
```

134
```
        4.9
  10 )49.00
       40
        90
        90
         0
```

135
```
        4.41
  12 )53.00
       48
        50
        48
         20
```

136
```
        4.3
10 )43.00
     40
      30
      30
       0
```

137
```
        4.18
11 )46.00
     44
      20
      11
      90
```

138
```
       3.88
9 )35.00
    27
     80
     72
     80
```

139
```
        3.08
12 )37.00
     36
      10
       0
      100
```

140
```
        4.9
11 )54.00
     44
      100
       99
       10
```

141
```
         5.3
    10 ) 53.00
         50
            30
            30
             0
```

142
```
         6.11
    9 ) 55.00
        54
           10
            9
           10
```

143
```
         4.08
    12 ) 49.00
         48
            10
             0
           100
```

144
```
         3.83
    12 ) 46.00
         36
           100
            96
            40
```

145
```
         7.42
    7 ) 52.00
        49
           30
           28
           20
```

146
```
          6.25
     8 )50.00
          48
           20
           16
           40
```

147
```
          4.77
     9 )43.00
          36
           70
           63
           70
```

148
```
          4.33
     9 )39.00
          36
           30
           27
           30
```

149
```
          3.16
    12 )38.00
          36
           20
           12
           80
```

150
```
          4.45
    11 )49.00
          44
           50
           44
           60
```

151
```
        4.8
10 ) 48.00
     40
        80
        80
         0
```

152
```
       7.12
8 ) 57.00
    56
       10
        8
       20
```

153
```
        4.4
10 ) 44.00
     40
        40
        40
         0
```

154
```
       4.33
12 ) 52.00
     48
        40
        36
        40
```

155
```
       5.14
7 ) 36.00
    35
       10
        7
       30
```

156
```
        7.28
7 ) 51.00
     49
      20
      14
      60
```

157
```
        6.5
6 ) 39.00
     36
      30
      30
       0
```

158
```
        5.12
8 ) 41.00
     40
      10
       8
      20
```

159
```
        6.83
6 ) 41.00
     36
      50
      48
      20
```

160
```
         3.75
12 ) 45.00
      36
       90
       84
       60
```

161
```
        5.42
   7 )38.00
        35
         30
         28
          20
```

162
```
        5.1
  10 )51.00
        50
         10
         10
          0
```

163
```
        8.33
   6 )50.00
        48
         20
         18
          20
```

164
```
        7.14
   7 )50.00
        49
         10
          7
          30
```

165
```
        7.5
   6 )45.00
        42
         30
         30
          0
```

166
```
        4.87
8 ) 39.00
      32
         70
         64
         60
```

167
```
        9.5
6 ) 57.00
      54
         30
         30
          0
```

168
```
        6.71
7 ) 47.00
      42
         50
         49
         10
```

169
```
        6.14
7 ) 43.00
      42
         10
          7
         30
```

170
```
         3.5
12 ) 42.00
       36
          60
          60
           0
```

171
```
        3.8
10 ) 38.00
     30
      80
      80
       0
```

172
```
       7.71
7 ) 54.00
    49
     50
     49
     10
```

173
```
        4.7
10 ) 47.00
     40
      70
      70
       0
```

174
```
       5.55
9 ) 50.00
    45
     50
     45
     50
```

175
```
        4.58
12 ) 55.00
     48
      70
      60
     100
```

176
```
        4.63
    11 )51.00
        44
         70
         66
         40
```

177
```
        5.2
    10 )52.00
        50
         20
         20
          0
```

178
```
        3.36
    11 )37.00
        33
         40
         33
         70
```

179
```
        4.75
    12 )57.00
        48
         90
         84
         60
```

180
```
        4.72
    11 )52.00
        44
         80
         77
         30
```

181
```
        5.22
    9 )47.00
        45
          20
          18
          20
```

182
```
        2.91
   12 )35.00
        24
         110
         108
          20
```

183
```
        9.66
    6 )58.00
        54
          40
          36
          40
```

184
```
        6.22
    9 )56.00
        54
          20
          18
          20
```

185
```
        5.11
    9 )46.00
        45
          10
           9
          10
```

186
```
         4.11
9 )37.00
      36
       10
        9
       10
```

187
```
         3.54
11 )39.00
       33
        60
        55
        50
```

188
```
         5.83
6 )35.00
      30
       50
       48
       20
```

189
```
         4.44
9 )40.00
      36
       40
       36
       40
```

190
```
         5.66
9 )51.00
      45
       60
       54
       60
```

191
```
        7.85
7 ) 55.00
        49
         60
         56
         40
```

192
```
        6.28
7 ) 44.00
        42
         20
         14
         60
```

193
```
        8.28
7 ) 58.00
        56
         20
         14
         60
```

194
```
        6.66
6 ) 40.00
        36
         40
         36
         40
```

195
```
        4.75
8 ) 38.00
        32
         60
         56
         40
```

196
```
        9.33
6 )56.00
     54
      20
      18
       20
```

197
```
        5.62
8 )45.00
     40
      50
      48
       20
```

198
```
         5.18
11 )57.00
      55
       20
       11
        90
```

199
```
        6.44
9 )58.00
     54
      40
      36
       40
```

200
```
         3.66
12 )44.00
      36
       80
       72
        80
```

201
```
        6.42
7 ) 45.00
       42
        30
        28
        20
```

202
```
        6.85
7 ) 48.00
       42
        60
        56
        40
```

203
```
        5.77
9 ) 52.00
       45
        70
        63
        70
```

204
```
        6.37
8 ) 51.00
       48
        30
        24
        60
```

205
```
        7.66
6 ) 46.00
       42
        40
        36
        40
```

206
```
        5.27
11 ) 58.00
     55
        30
        22
        80
```

207
```
        4.5
10 ) 45.00
     40
        50
        50
         0
```

208
```
        8.16
6 ) 49.00
    48
       10
        6
       40
```

209
```
        5.7
10 ) 57.00
     50
        70
        70
         0
```

210
```
        6.57
7 ) 46.00
    42
       40
       35
       50
```

211
```
        3.7
10 )37.00
      30
        70
        70
         0
```

212
```
       8.5
6 )51.00
     48
       30
       30
        0
```

213
```
        4.1
10 )41.00
      40
        10
        10
         0
```

214
```
       5.71
7 )40.00
     35
       50
       49
       10
```

215
```
        3.27
11 )36.00
      33
        30
        22
        80
```

216
```
        3.63
11 )40.00
     33
      70
      66
      40
```

217
```
        3.72
11 )41.00
     33
      80
      77
      30
```

218
```
        4.16
12 )50.00
     48
      20
      12
      80
```

219
```
        5.75
 8 )46.00
     40
      60
      56
      40
```

220
```
        6.33
 6 )38.00
     36
      20
      18
      20
```

221
```
      4.55
9 )41.00
     36
      50
      45
      50
```

222
```
      6.75
8 )54.00
     48
      60
      56
      40
```

223
```
      6.12
8 )49.00
     48
      10
       8
      20
```

224
```
       4.81
11 )53.00
     44
      90
      88
      20
```

225
```
       4.54
11 )50.00
     44
      60
      55
      50
```

226
```
          3.91
12 )47.00
     36
     110
     108
      20
```

227
```
         8.83
6 )53.00
    48
    50
    48
    20
```

228
```
         4.22
9 )38.00
    36
    20
    18
    20
```

229
```
         4.5
8 )36.00
    32
    40
    40
     0
```

230
```
         5.44
9 )49.00
    45
    40
    36
    40
```

231
```
       7.57
7 )53.00
     49
     ‾‾
      40
      35
      ‾‾
      50
```

232
```
        3.9
10 )39.00
     30
     ‾‾
      90
      90
      ‾‾
       0
```

233
```
       9.16
6 )55.00
     54
     ‾‾
      10
       6
      ‾‾
      40
```

234
```
       5.28
7 )37.00
     35
     ‾‾
      20
      14
      ‾‾
      60
```

235
```
       5.57
7 )39.00
     35
     ‾‾
      40
      35
      ‾‾
      50
```

236
```
         3.5
10 ) 35.00
     30
        50
        50
         0
```

237
```
        5.25
8 ) 42.00
    40
       20
       16
       40
```

238
```
         3.81
11 ) 42.00
     33
        90
        88
        20
```

239
```
         4.66
12 ) 56.00
     48
        80
        72
        80
```

240
```
         3.6
10 ) 36.00
     30
        60
        60
         0
```

241
```
        5.88
    9 )53.00
        45
         80
         72
         80
```

242
```
         4.27
    11 )47.00
         44
          30
          22
          80
```

243
```
        6.33
    9 )57.00
        54
         30
         27
         30
```

244
```
        4.66
    9 )42.00
        36
         60
         54
         60
```

245
```
        6.5
    8 )52.00
        48
         40
         40
          0
```

246
```
          3.18
    11 )35.00
          33
           20
           11
           90
```

247
```
          5.8
    10 )58.00
          50
           80
           80
            0
```

248
```
          4.36
    11 )48.00
          44
           40
           33
           70
```

249
```
          7.83
     6 )47.00
          42
           50
           48
           20
```

250
```
          6.62
     8 )53.00
          48
           50
           48
           20
```

251
```
        5.6
10 ) 56.00
     50
        60
        60
         0
```

252
```
        5.5
10 ) 55.00
     50
        50
        50
         0
```

253
```
        4.37
8 ) 35.00
    32
       30
       24
       60
```

254
```
       7.25
8 ) 58.00
    56
       20
       16
       40
```

255
```
        3.9
11 ) 43.00
     33
       100
        99
        10
```

256
```
        6.16
6 ) 37.00
    36
     10
      6
     40
```

257
```
         4.2
10 ) 42.00
     40
      20
      20
       0
```

258
```
        5.37
8 ) 43.00
    40
     30
     24
     60
```

259
```
        5.85
7 ) 41.00
    35
     60
     56
     40
```

260
```
         5.4
10 ) 54.00
     50
      40
      40
       0
```

261
```
        3.33
   12 )40.00
        36
         40
         36
         40
```

262
```
        4.25
   12 )51.00
        48
         30
         24
         60
```

263
```
        7.33
    6 )44.00
        42
         20
         18
         20
```

264
```
        3.58
   12 )43.00
        36
         70
         60
        100
```

265
```
        3.45
   11 )38.00
        33
         50
         44
         60
```

266
```
        8.66
6 ) 52.00
     48
      40
      36
      40
```

267
```
         3.41
12 ) 41.00
      36
       50
       48
       20
```

268
```
        5.33
9 ) 48.00
     45
      30
      27
      30
```

269
```
        4.88
9 ) 44.00
     36
      80
      72
      80
```

270
```
        4.62
8 ) 37.00
     32
      50
      48
      20
```

271
```
        6.87
8 ) 55.00
     48
        70
        64
        60
```

272
```
        5.5
8 ) 44.00
     40
        40
        40
         0
```

273
```
         4.5
12 ) 54.00
      48
         60
         60
          0
```

274
```
         4.83
12 ) 58.00
      48
         100
          96
          40
```

275
```
        7.16
6 ) 43.00
     42
        10
         6
        40
```

276
```
          4.6
    10 )46.00
        40
         60
         60
          0
```

277
```
          3.23
    17 )55.00
        51
         40
         34
         60
```

278
```
          4.4
    15 )66.00
        60
         60
         60
          0
```

279
```
          3.26
    15 )49.00
        45
         40
         30
        100
```

280
```
          5.5
    14 )77.00
        70
         70
         70
          0
```

281
```
        4.37
16 ) 70.00
     64
        60
        48
        120
```

282
```
        4.52
17 ) 77.00
     68
        90
        85
        50
```

283
```
        4.85
14 ) 68.00
     56
        120
        112
         80
```

284
```
        4.5
14 ) 63.00
     56
        70
        70
         0
```

285
```
        4.12
16 ) 66.00
     64
        20
        16
        40
```

286
```
          4.23
17 ) 72.00
     68
         40
         34
         60
```

287
```
          5.33
12 ) 64.00
     60
         40
         36
         40
```

288
```
          4.6
15 ) 69.00
     60
         90
         90
          0
```

289
```
          3.71
14 ) 52.00
     42
        100
         98
         20
```

290
```
          3.17
17 ) 54.00
     51
         30
         17
        130
```

291
```
        3.57
14 ) 50.00
     42
        80
        70
       100
```

292
```
        3.68
16 ) 59.00
     48
       110
        96
       140
```

293
```
        5.06
15 ) 76.00
     75
        10
         0
       100
```

294
```
        6.16
12 ) 74.00
     72
        20
        12
        80
```

295
```
        4.33
12 ) 52.00
     48
        40
        36
        40
```

296
```
        4.23
13 ) 55.00
     52
        30
        26
        40
```

297
```
        4.81
16 ) 77.00
     64
       130
       128
        20
```

298
```
        3.69
13 ) 48.00
     39
        90
        78
       120
```

299
```
        3.66
15 ) 55.00
     45
       100
        90
       100
```

300
```
        4.93
16 ) 79.00
     64
       150
       144
        60
```

301
```
        3.25
16 )52.00
     48
      40
      32
      80
```

302
```
        4.53
13 )59.00
     52
      70
      65
      50
```

303
```
        5.23
13 )68.00
     65
      30
      26
      40
```

304
```
        3.64
17 )62.00
     51
     110
     102
      80
```

305
```
        4.2
15 )63.00
     60
      30
      30
       0
```

306
```
        3.94
18 )71.00
     54
      170
      162
       80
```

307
```
        3.81
16 )61.00
     48
      130
      128
       20
```

308
```
        4.05
18 )73.00
     72
      10
       0
      100
```

309
```
        3.83
18 )69.00
     54
      150
      144
       60
```

310
```
        4.66
12 )56.00
     48
      80
      72
      80
```

311
```
        3.11
17 ) 53.00
     51
        20
        17
        30
```

312
```
        3.55
18 ) 64.00
     54
       100
        90
       100
```

313
```
        6.08
12 ) 73.00
     72
        10
         0
       100
```

314
```
        4.31
16 ) 69.00
     64
        50
        48
        20
```

315
```
        5.41
12 ) 65.00
     60
        50
        48
        20
```

316
```
        4.17
17 ) 71.00
     68
        30
        17
       130
```

317
```
        4.56
16 ) 73.00
     64
        90
        80
       100
```

318
```
        5.76
13 ) 75.00
     65
       100
        91
        90
```

319
```
        3.88
18 ) 70.00
     54
       160
       144
       160
```

320
```
        6.58
12 ) 79.00
     72
        70
        60
       100
```

321
```
        5.57
14 ) 78.00
     70
      80
      70
     100
```

322
```
        3.43
16 ) 55.00
     48
      70
      64
      60
```

323
```
        3.84
13 ) 50.00
     39
     110
     104
      60
```

324
```
        3.8
15 ) 57.00
     45
     120
     120
       0
```

325
```
        3.16
18 ) 57.00
     54
      30
      18
     120
```

326
```
        5.53
13 )72.00
     65
      70
      65
      50
```

327
```
        4.7
17 )80.00
     68
     120
     119
      10
```

328
```
        4.33
18 )78.00
     72
      60
      54
      60
```

329
```
        4.15
13 )54.00
     52
      20
      13
      70
```

330
```
        5.13
15 )77.00
     75
      20
      15
      50
```

331
```
         3.41
17 ) 58.00
     51
        70
        68
        20
```

332
```
         3.11
18 ) 56.00
     54
        20
        18
        20
```

333
```
         5.61
13 ) 73.00
     65
        80
        78
        20
```

334
```
         4.64
14 ) 65.00
     56
        90
        84
        60
```

335
```
         4.33
15 ) 65.00
     60
        50
        45
        50
```

336
```
        5.14
14 )72.00
     70
      20
      14
      60
```

337
```
        4.87
16 )78.00
     64
     140
     128
     120
```

338
```
        4.13
15 )62.00
     60
      20
      15
      50
```

339
```
        3.2
15 )48.00
     45
      30
      30
       0
```

340
```
        4.91
12 )59.00
     48
     110
     108
      20
```

341
```
        6.25
12 )75.00
     72
      30
      24
      60
```

342
```
        6.33
12 )76.00
     72
      40
      36
      40
```

343
```
        5.83
12 )70.00
     60
     100
      96
      40
```

344
```
        3.35
17 )57.00
     51
      60
      51
      90
```

345
```
        3.58
17 )61.00
     51
     100
      85
     150
```

346
```
          3.4
   15 )51.00
        45
         60
         60
          0
```

347
```
         4.11
   17 )70.00
        68
         20
         17
         30
```

348
```
         4.92
   13 )64.00
        52
        120
        117
         30
```

349
```
         5.75
   12 )69.00
        60
         90
         84
         60
```

350
```
         4.07
   14 )57.00
        56
         10
          0
        100
```

351
```
        6.66
   12 )80.00
        72
         80
         72
         80
```

352
```
        4.58
   12 )55.00
        48
         70
         60
        100
```

353
```
        4.42
   14 )62.00
        56
         60
         56
         40
```

354
```
        4.38
   13 )57.00
        52
         50
         39
        110
```

355
```
        4.3
   13 )56.00
        52
         40
         39
         10
```

356
```
          3.75
    16 )60.00
          48
          120
          112
           80
```

357
```
          4.58
    17 )78.00
          68
          100
           85
          150
```

358
```
          3.76
    13 )49.00
          39
          100
           91
           90
```

359
```
          4.07
    13 )53.00
          52
           10
            0
          100
```

360
```
          4.8
    15 )72.00
          60
          120
          120
            0
```

361
```
        3.5
18 )63.00
       54
        90
        90
         0
```

362
```
        3.22
18 )58.00
       54
        40
        36
        40
```

363
```
        3.92
13 )51.00
       39
       120
       117
        30
```

364
```
        3.61
18 )65.00
       54
       110
       108
        20
```

365
```
        3.93
16 )63.00
       48
       150
       144
        60
```

366
```
         3.5
16 ) 56.00
     48
      80
      80
       0
```

367
```
         4.29
17 ) 73.00
     68
      50
      34
     160
```

368
```
         4.41
17 ) 75.00
     68
      70
      68
      20
```

369
```
         4.26
15 ) 64.00
     60
      40
      30
     100
```

370
```
         5.21
14 ) 73.00
     70
      30
      28
      20
```

371
```
         4.64
    17 )79.00
         68
         ‾‾
         110
         102
         ‾‾‾
          80
```

372
```
         3.44
    18 )62.00
         54
         ‾‾
          80
          72
          ‾‾
          80
```

373
```
         3.33
    15 )50.00
         45
         ‾‾
          50
          45
          ‾‾
          50
```

374
```
         4.47
    17 )76.00
         68
         ‾‾
          80
          68
          ‾‾
         120
```

375
```
         3.72
    18 )67.00
         54
         ‾‾
         130
         126
         ‾‾‾
          40
```

376
```
        3.37
16 ) 54.00
     48
        60
        48
       120
```

377
```
        5.07
13 ) 66.00
     65
        10
         0
       100
```

378
```
        4.25
16 ) 68.00
     64
        40
        32
        80
```

379
```
        5.91
12 ) 71.00
     60
       110
       108
        20
```

380
```
        3.64
14 ) 51.00
     42
        90
        84
        60
```

381
```
        2.94
18 ) 53.00
     36
        170
        162
         80
```

382
```
        2.72
18 ) 49.00
     36
        130
        126
         40
```

383
```
        5.3
13 ) 69.00
     65
        40
        39
        10
```

384
```
        4.35
17 ) 74.00
     68
        60
        51
        90
```

385
```
        5.15
13 ) 67.00
     65
        20
        13
        70
```

386
```
        5.66
12 )68.00
     60
      80
      72
      80
```

387
```
        4.75
12 )57.00
     48
      90
      84
      60
```

388
```
        3.85
14 )54.00
     42
     120
     112
      80
```

389
```
        3.53
15 )53.00
     45
      80
      75
      50
```

390
```
        4.28
14 )60.00
     56
      40
      28
     120
```

391
```
        6.5
12 )78.00
     72
        60
        60
         0
```

392
```
        5.07
14 )71.00
     70
        10
         0
        100
```

393
```
        4.5
12 )54.00
     48
        60
        60
         0
```

394
```
        3.66
18 )66.00
     54
        120
        108
        120
```

395
```
        2.77
18 )50.00
     36
        140
        126
        140
```

396
```
         3.93
    15 )59.00
         45
          140
          135
           50
```

397
```
         5.35
    14 )75.00
         70
          50
          42
          80
```

398
```
         3.38
    18 )61.00
         54
          70
          54
         160
```

399
```
         4.75
    16 )76.00
         64
          120
          112
           80
```

400
```
         3.76
    17 )64.00
         51
          130
          119
          110
```

401
```
         3.5
    14 )49.00
         42
          70
          70
           0
```

402
```
         2.83
    18 )51.00
         36
         150
         144
          60
```

403
```
         3.87
    16 )62.00
         48
         140
         128
         120
```

404
```
         3.06
    16 )49.00
         48
          10
           0
         100
```

405
```
         3.82
    17 )65.00
         51
         140
         136
          40
```

406
```
         5.2
15 )78.00
     75
      30
      30
       0
```

407
```
         3.92
14 )55.00
     42
     130
     126
      40
```

408
```
         4.84
13 )63.00
     52
     110
     104
      60
```

409
```
         3.12
16 )50.00
     48
      20
      16
      40
```

410
```
         4.57
14 )64.00
     56
      80
      70
     100
```

411
```
        2.66
18 ) 48.00
     36
        120
        108
        120
```

412
```
        4.68
16 ) 75.00
     64
        110
         96
        140
```

413
```
        4.27
18 ) 77.00
     72
         50
         36
        140
```

414
```
        4.71
14 ) 66.00
     56
        100
         98
         20
```

415
```
        3.56
16 ) 57.00
     48
         90
         80
        100
```

416
```
        5.33
15 ) 80.00
     75
      50
      45
       50
```

417
```
        3.05
18 ) 55.00
     54
      10
       0
      100
```

418
```
        5.46
13 ) 71.00
     65
      60
      52
       80
```

419
```
        5.84
13 ) 76.00
     65
      110
      104
        60
```

420
```
        5.08
12 ) 61.00
     60
      10
       0
      100
```

421
```
         4.93
    15 )74.00
        60
         140
         135
          50
```

422
```
         5.38
    13 )70.00
        65
         50
         39
        110
```

423
```
         4.41
    12 )53.00
        48
         50
         48
         20
```

424
```
         3.73
    15 )56.00
        45
         110
         105
          50
```

425
```
         3.18
    16 )51.00
        48
         30
         16
        140
```

426
```
        3.31
16 )53.00
     48
      50
      48
      20
```

427
```
        3.94
17 )67.00
     51
      160
      153
       70
```

428
```
        4.69
13 )61.00
     52
      90
      78
      120
```

429
```
        4.46
13 )58.00
     52
      60
      52
      80
```

430
```
        5.58
12 )67.00
     60
      70
      60
      100
```

431
```
          3.42
    14 )48.00
         42
          60
          56
          40
```

432
```
          5.42
    14 )76.00
         70
          60
          56
          40
```

433
```
          4.78
    14 )67.00
         56
         110
          98
         120
```

434
```
          3.27
    18 )59.00
         54
          50
          36
         140
```

435
```
          4.06
    16 )65.00
         64
          10
           0
         100
```

436
```
        2.88
17 )49.00
     34
      150
      136
      140
```

437
```
        4.22
18 )76.00
     72
      40
      36
      40
```

438
```
        3.29
17 )56.00
     51
      50
      34
      160
```

439
```
        3.33
18 )60.00
     54
      60
      54
      60
```

440
```
        4.53
15 )68.00
     60
      80
      75
      50
```

441
```
           4.14
    14 )58.00
         56
          20
          14
          60
```

442
```
           2.88
    18 )52.00
         36
         160
         144
         160
```

443
```
           5.25
    12 )63.00
         60
          30
          24
          60
```

444
```
           3.77
    18 )68.00
         54
         140
         126
         140
```

445
```
           3.46
    15 )52.00
         45
          70
          60
         100
```

446
```
          4.46
15 ) 67.00
     60
      70
      60
      100
```

447
```
          6.15
13 ) 80.00
     78
      20
      13
      70
```

448
```
          4.11
18 ) 74.00
     72
      20
      18
      20
```

449
```
          4.21
14 ) 59.00
     56
      30
      28
      20
```

450
```
          4.08
12 ) 49.00
     48
      10
       0
      100
```

451
```
          4.18
    16 ) 67.00
         64
          30
          16
         140
```

452
```
          4.76
    13 ) 62.00
         52
         100
          91
          90
```

453
```
          4.73
    15 ) 71.00
         60
         110
         105
          50
```

454
```
          6.07
    13 ) 79.00
         78
          10
           0
         100
```

455
```
          3.7
    17 ) 63.00
         51
         120
         119
          10
```

456
```
         5.16
    12 )62.00
        60
         20
         12
         80
```

457
```
         5.92
    13 )77.00
        65
        120
        117
         30
```

458
```
         5.71
    14 )80.00
        70
        100
         98
         20
```

459
```
         4.43
    16 )71.00
        64
         70
         64
         60
```

460
```
         4.66
    15 )70.00
        60
        100
         90
        100
```

461
```
         3.86
    15 )58.00
          45
           130
           120
           100
```

462
```
         5.5
    12 )66.00
          60
           60
           60
            0
```

463
```
         5.69
    13 )74.00
          65
           90
           78
          120
```

464
```
         3.05
    17 )52.00
          51
           10
            0
          100
```

465
```
         4.86
    15 )73.00
          60
          130
          120
          100
```

466
```
         3.52
    17 )60.00
         51
         ——
          90
          85
          ——
          50
```

467
```
         4.44
    18 )80.00
         72
         ——
          80
          72
          ——
          80
```

468
```
         4.35
    14 )61.00
         56
         ——
          50
          42
          ——
          80
```

469
```
         4.5
    16 )72.00
         64
         ——
          80
          80
          ——
           0
```

470
```
         4.61
    13 )60.00
         52
         ——
          80
          78
          ——
          20
```

471
```
        2.94
17 ) 50.00
     34
        160
        153
         70
```

472
```
        3.78
14 ) 53.00
     42
        110
         98
        120
```

473
```
        2.82
17 ) 48.00
     34
        140
        136
         40
```

474
```
        4.16
18 ) 75.00
     72
         30
         18
        120
```

475
```
        4.25
12 ) 51.00
     48
         30
         24
         60
```

476
```
        5.64
14 ) 79.00
      70
       90
       84
       60
```

477
```
        4.06
15 ) 61.00
      60
       10
        0
      100
```

478
```
        5.28
14 ) 74.00
      70
       40
       28
      120
```

479
```
        4.92
14 ) 69.00
      56
      130
      126
       40
```

480
```
        3.62
16 ) 58.00
      48
      100
       96
       40
```

481
```
          5.26
    15 )79.00
        75
         40
         30
        100
```

482
```
          4.16
    12 )50.00
        48
         20
         12
         80
```

483
```
          4.62
   .16 )74.00
        64
        100
         96
         40
```

484
```
          3.6
    15 )54.00
        45
         90
         90
          0
```

485
```
          6.41
    12 )77.00
        72
         50
         48
         20
```

486
```
         4.83
    12 )58.00
         48
         100
          96
          40
```

487
```
         3.88
    17 )66.00
         51
         150
         136
         140
```

488
```
         4.38
    18 )79.00
         72
          70
          54
         160
```

489
```
         3.47
    17 )59.00
         51
          80
          68
         120
```

490
```
         4.05
    17 )69.00
       68
         10
            0
         100
```

491
```
         5.09
    21 )107.00
        105
            20
             0
           200
```

492
```
        3.91
   23 )90.00
       69
        210
        207
          30
```

493
```
        4.15
   19 )79.00
       76
        30
        19
       110
```

494
```
         3.8
    25 )95.00
        75
         200
         200
           0
```

495
```
        3.76
   25 )94.00
       75
        190
        175
        150
```

496
```
        2.83
    24 )68.00
        48
         200
         192
            80
```

497
```
        5.85
    20 )117.00
        100
          170
          160
            100
```

498
```
        5.33
    18 )96.00
        90
          60
          54
            60
```

499
```
        5.55
    18 )100.00
         90
          100
            90
           100
```

500
```
        4.48
    25 )112.00
        100
          120
          100
            200
```

www.ingramcontent.com/pod-product-compliance
Lightning Source LLC
Chambersburg PA
CBHW031609210526
45464CB00004B/1502